JN076062

水資源・環境学会『環境問題の現場を歩く』シリーズ ❷

長良川河口堰と八ッ場ダムを歩く

伊藤達也・梶原健嗣〔著〕

成 文 堂

はしがき──シリーズ開始によせて──

　水資源・環境学会設立40周年を記念した、水資源・環境学会ブックレット『環境問題の現場を歩く』シリーズがスタートした。本書は水資源・環境学会の創設メンバーである伊藤達也氏と、学会員の中で現在、最も学術的生産性の高い梶原健嗣氏がタッグを組み、それぞれがこれまで最も精力的に取り組んできた長良川河口堰問題と八ッ場ダム問題を解説した書である。「この本を持って現地に出かける」、「この本を持つと現地に出かけたくなる」を最も望んでいる2人とも言えよう。

　執筆者である2人の共通性は、学問の取り組みにおいて、問題現場に足を運び、観察し、分析し、さらには問題にそのまま入り込んでいることである。研究者には様々な立場やアプローチがあり、両者のように問題にそのまま入り込むスタイルは必ずしも一般的ではない。しかし、実際の思いからすれば、問題が目の前にあり、しかもそこで行われている論争に様々な瑕疵が見られると、やはりそうした議論を正常化したり、問題点を明確にしたくなるのも、科学的であることを志す者からして当然の行為である。こうした感情に素直な2人であるとも言えようか。

　従って、本書の内容は長良川河口堰問題、八ッ場ダム問題の解決を目指すが故の熱い思いと、これまで問題解決を目指して動き回ってきた泥臭さに満ち溢れている。長良川河口堰問題で建設賛成派、建設反対派が一堂に集まり議論を行った円卓会議に出席して実際に感じた伊藤の思い、八ッ場ダム住民訴訟で弁護団をサポートし、具体的な問題点の指摘を続けてきた中で感じた梶原の思いが、読者にどのように伝わるかは不明である。だが本書を通じて、環境問題の核心に迫ることができるのは確かである。本書はそうした点において、まさに本学会が共有する「環境問題の現場に行き、観察し、議論し、理解する」を体現するものである。是非、本書を携えて長良川河口堰、そして八ッ場ダムへ出かけてほしいと切に願う。

　水資源・環境学会ブックレット『環境問題の現場を歩く』シリーズはでき

る限り読みやすく、しかしながら、説明の科学性を保ちつつ、そして少しでも多くの方に環境問題の本質を届けたいという思いから書かれている。それでも読後感想に「難しい」、「固い」が含まれてしまうことは否定できない。だとすれば、そうした読者の感想に謙虚に向き合い、これから刊行が予定されるブックレットにおいて、当初の目的に少しでも近づけることができるよう、本シリーズを改善していきたい。いや、それ以上に「私ならこう書く」という思いで学会に参加し、執筆者に名を連ねてもらうのがベストの解である。読者の忌憚のない意見をお待ちする。

2023年5月
水資源・環境学会『環境問題の現場を歩く』シリーズ刊行委員会

目　次

I

長良川河口堰を歩く

伊藤達也

1．長良川河口堰へ行く

　長良川河口堰は、車で行けばそんなに苦労はない。東名阪自動車道長島ICより約7分、伊勢湾岸自動車道湾岸長島ICより約10分で到着する。行き方は案内標識かカーナビに従えば大丈夫だろうし、長良川に出れば、否が応でもキノコが林立したユニークな建築物を見ることができる（図1）。

　しかし、公共交通となると少し面倒かもしれない。JR長島駅、近鉄長島駅より徒歩で約30分、タクシーで5分。ちなみにJRだと名古屋駅から25分で、列車は30分に1本、近鉄だと普通35分、準急22分で、1時間に3本走っている。名古屋から三重県方面はどうしても近鉄が便利だ。JRが好きな人は1時間に1本だけど快速みえで桑名駅まで行って（所要時間21分）、そのあとバスかタクシーという手がある。タクシーは15分かかるそうだ。桑名駅からは、河口堰のすぐ隣のなばなの里までバスも出ているが、あまり便利そうにない。でも名古屋名鉄バスセンターからなばなの里までバスが出ていて（所要時間35分）、朝比較的早い時間なら20分に1本走っているので、これが一番よさそうだ。でもほとんどの人はきっと車で行くだろうなあ。

　ちなみになばなの里は、四季折々の美しい花が咲き誇る、日本最大級の花のテーマパークで、敷地面積は約30万㎡と、東京の浜離宮恩賜庭園（約25万㎡）より少し広く、新宿御苑（約58万㎡）の2分の1だ（名古屋市公式観光情報　名古屋コンシェルジェHP）。紹介しておいて申し訳ないが、筆者はまだ行ったことがない。評判はいい。

2

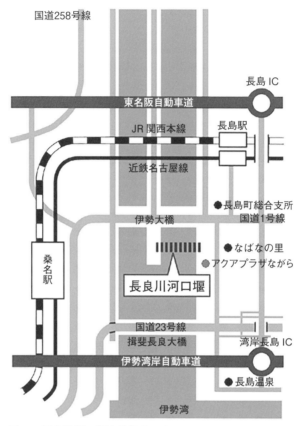

国道258号線

長島 IC

東名阪自動車道

JR 関西本線　　長島駅

近鉄名古屋線

●長島町総合支所
　　　　国道1号線

伊勢大橋

●なばなの里
●アクアプラザながら

長良川河口堰

桑名駅

国道23号線
揖斐長良大橋

湾岸長島 IC

伊勢湾岸自動車道

●長島温泉

伊勢湾

図1　長良川河口堰の位置とアクセス
出典）独立行政法人水資源機構長良川河口堰管理所 HP

　長良川河口堰問題が大きく話題になった1990年代前半、年に何回か長島駅から長良川河口堰まで歩いたことがある。歩いて30分、ゆっくり歩いても40分くらいなので、海抜ゼロメートル地帯の長島町内を散歩するのもいいかもしれない。長良川に向かって歩けばいいので、迷うこともないだろう。この辺りで道路が盛り上がっているところは、大体、川が流れている。川の水面よりも道路が下を走っているので、橋をかけるとき、一度堤防の上に出ないと道路は川を跨げない。そんなことに気づかせてくれる散歩になると思う、

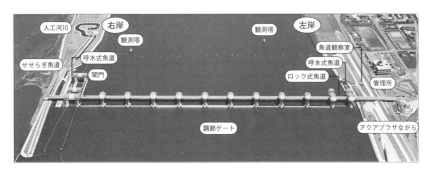

図2　長良川河口堰の施設諸元
出典）独立行政法人水資源機構長良川河口堰管理所 HP

きっと。

　長良川河口堰は左岸（川の流れに従って左側）に水資源機構長良川河口堰管理所や資料館アクアプラザながらがある（図2）。アクアプラザながらには、河口堰 Q&A コーナーなどがあり、長良川河口堰について学ぶことのできるいい施設だ。ただ、筆者が答えるといくつかは正解にたどり着かない。水資源機構と筆者との間で、長良川河口堰に関してかなりの意見の相違があるからだ。そう言えば、10年ほど前、学生を連れて現地研究で訪問したい旨を伝えたら、30分の説明依頼に対して1時間30分の説明をいただき、そのあとの予定がガタガタになったことがある。あの時は管理事務所副所長がわざわざ出てきて説明してくれた。当時は筆者も河口堰反対派としてかなり警戒されていたようだ。

　長良川河口堰は全長661m、左岸には魚道（呼水式）と魚道をのぼる水生生物の観察ができる魚道観察室がある（写真1）。様々な水生生物が河口堰を乗り越えていく姿を観察することができ、それはとてもいいのだけれど、観察室の見学ガラスが汚れている時があり、それはもったいない。大変だけどガラスは拭こう。右岸側にも呼水式魚道とせせらぎ魚道が設置されているので、ぜひ河口堰を歩いて欲しい。行き帰り歩いても30分あればなんとかなる。見学含めて1時間。できればアクアプラザながらで1〜2時間、長良川河口堰について勉強して欲しい。ただし、上述したように、アクアプラザながらの正答が正しいとは限らない。

写真 1　長良川河口堰の左岸魚道観察室
出典）筆者撮影（2014年 5 月26日）

写真 2　長良川河口堰の閘門
出典）筆者撮影（2018 年11 月4 日）

　河口堰の右岸には、水位差のある水面を船が通航するための施設である閘門も設置されており、ロック式魚道を兼ねている（写真 2）。ただ、この閘門を通過する遊覧船や渡し船はないので、ぜひ船で通りたいという人は、近くの赤須賀漁協等で船をチャーターする必要がある。市民グループなどが

時々借りているので、漁業者も慣れており、手続きはそんなに難しくないと思う。

　船で閘門を通過する経験がしたければ、東京では東京水辺ラインが荒川ロックゲートを通過する観光船を就航させている。名古屋ではクルーズ名古屋がささしまライブ（名古屋駅から徒歩15分）から金城ふ頭をつなぐ定期船を運航しており、中川運河から名古屋港に出るところにある閘門で、プチパナマ運河体験ができる（パナマ運河は閘門式運河、スエズ運河は水平式運河）。今は毎日就航しているの

写真3　松重閘門
出典）筆者撮影（2022 年10 月26 日）

で使い勝手はいい（クルーズ名古屋 HP）。大阪にも淀川と旧淀川（大川）を結ぶ毛馬閘門がある。でも、本格的な閘門体験をしたければ、中国・長江の三峡ダムに行くとよい。水位落差は100メートルを超え、5基の閘門は壮大の一言だ。長江下りの一大イベントになっている。

　名古屋には堀川と中川運河を結ぶ連絡運河に松重閘門があり、夜間はライトアップされている。東海道新幹線からも一瞬だが見える（写真3）。しかし、閘門そのものは1968年に閉鎖され、船で通過することはできない。ただ保存するのではなく、かつてのように船で通り過ぎることを望む市民も多く、都市としての名古屋の今後の魅力を導き出す重要なテーマになっていくだろう。

6

2．長良川河口堰問題とは何だったのか

(1) 長良川河口堰計画

わが国の環境問題、公共事業問題を語るとき、長良川河口堰問題を避けて通るわけにはいかない。それほどまでに長良川河口堰問題はわが国の環境政策に強い影響を与えてきた。そして後述するように今も問題は終わっていない。

長良川河口堰が構想されたのは1960年頃である。最初は伊勢湾臨海工業地帯の工業用水供給施設として計画されたが、1968年に木曽川水系フルプラン（木曽川水系水資源開発計画）が閣議決定されると、毎秒22.5m³の水資源開発と洪水防御の目的を持つ多目的事業になった（表1）。その後、1971年に事業実施方針が示され、1973年、事業実施計画が認可された（伊藤2006）。

表1　長良川河口堰事業の概要

施設概要	位　置	木曽川水系長良川
	左岸	三重県桑名郡長島町（現桑名市）
	右岸	三重県桑名市福島
	規模及び形式	
	規模	河口堰総延長　　661m 可動部分　　　555m 固定部分　　　106m
	形式	可動堰
設置目的	治　水	長良川河口堰の設置によって、河道浚渫を可能ならしめ、計画高水流量を安全に流下させるとともに、河川の正常な機能を維持し、公利の増進と公害の除去をはかるものとする。
	都市用水	長良川河口堰の設置によって濃尾及び北伊勢地域の都市用水として22.5m³/secの供給を可能ならしめるものとする。

出典）木曽三川治水百年のあゆみ編集委員会・（社）中部建設協会（1995）より引用

(2)　2つの反対運動

　長良川河口堰計画がマスコミによって報道されると、流域の漁業者、市民を中心に大規模な反対運動が起こる。この時期、主に治水上の見地から、流域住民は長良川河口堰に対して強い不安を抱いていた。1973年に事業が認可されると、漁業関係者は原告2万6,605人にのぼる長良川河口堰建設差止訴訟を提起した（1980年結審、裁判取り下げ）。1982年には流域に住む市民らによって、新たな建設差止訴訟が提起されたが、1998年に高裁で棄却されている。

　1988年2月、三重県の赤須賀漁協等が河口堰着工に同意し、7月27日、構想発表から約30年を経て長良川河口堰本体工事の起工式が行われた。しかし、この日は同時に長良川河口堰問題をめぐる新たな反対運動の始まりでもあった。そして新しく生まれた反対運動は長良川河口堰問題を、わが国を代表する環境問題へと変貌させていく（伊藤2006）。

　新たに現れた反対運動の目的は長良川河口堰による環境破壊に対する異議申し立てで、これまでのダム・河口堰反対運動とは明らかに一線を画していた。運動の中心を担ったのは釣り人やアウトドア愛好者等で、彼らの行うデモや集会は明るく、楽しく、ユニークで、マスコミが率先して取り上げたくなるようなものが多かった（写真4、5）。当時、反対運動は5月の連休に数万人規模の大規模集会を河口堰建設現場で行っていたが、当日はマスコミの取材も激しく、上空には取材のヘリコプターが4〜5機飛んでいたのを覚えている。ただ、一度子供を連れて行ったときに、大人と同じ参加料金を請求され（確か3,000円くらい）、少し憤慨したことを思い出した。当時は市民の意識も大きく河口堰建設反対に傾いており、各種世論調査では一貫して70%前後の人が長良川河口堰建設の中止や建設工事の一時凍結を望んでいた。

　1993年8月に非自民の細川連立内閣が発足すると、長良川河口堰問題も新たな局面を迎える。建設省と河口堰反対市民との公式の話し合いが11月に初めて開催され、翌94年1月、五十嵐大臣が建設大臣として初めて反対派代表と大臣室で会見した。同年6月に就任した野坂建設大臣は成田闘争で話題になった円卓会議開催の意向を表明する。会議は1995年3月12日（テーマ：防災）、26日（水需要）、27日（環境）、29日（塩害）に開かれたが、議論の深ま

8

写真4　長良川河口堰反対運動①
出典）筆者撮影（1990年代前半）

写真5　長良川河口堰反対運動②
出典）筆者撮影（1990年代前半）

りが得られず、4月末まで延長開催された。筆者も水需要のテーマの時に参加したが、建設省官僚の公式見解から一歩も出ない受け答えに、正直失望した覚えがある。ただ、あまりにもひどい水需要予測の図をフリップで出すものだから、「本当にそのように水需要が増えると思っているのですか？」と筆者が質問した時、中部地方建設局河川部長の竹村公太郎氏が一瞬ひるんだように黙ったのを覚えている。あれはさすがに嘘ばかりの説明だったので「増加します」と言いづらかったのか、ただ、呼吸を整えただけだったのか。

　1995年5月18日、野坂大臣は長良川河口堰の本格運用開始を5月23日から行うことを発表した。野坂大臣は「河口堰建設の一時中止を求める署名に応じたのは、水質が悪くなると聞いたからで、もっと事の重大さを検討するべきだった」、「国家が国民の血税を使ってやる公共事業に間違いのあろうはずはない」と、円卓会議そのものを否定する発言をし、多くの国民が注目した円卓会議を、河口堰運用開始のセレモニーに貶めてしまった（伊藤2006）。

(3)　河口堰の運用開始とその影響

　しかし、長良川河口堰の本格運用開始は決して河口堰問題の終わりを告げるものではなかった。河口堰問題は従来の河川行政システムの抱えていた様々な問題を露わにし、抜本的な改変を余儀なくさせていったのである。河口堰運用開始直後、建設省はダム等事業審議委員会を発足させ、ダム・河口堰事業にチェックシステムを導入する。また、1997年3月に改正された河川法は、河川管理の目的に環境保全の視点を加え、河川整備計画に地域住民の意見を取り入れる制度を導入するなど、一定の対応をせざるを得なかった。

　一方、本格運用を開始した長良川河口堰ではさっそく環境影響が現れた。河口堰運用開始直後、長良川ではシジミが激減し、9月には河口堰上流にアオコが発生した。1996年5月、日本自然保護協会は、運用後の長良川下流域は海水と淡水が混ざり合う汽水域が破壊され、「湖沼化」という言葉に要約される変化が進んでいることを明らかにした。

　長良川河口堰の運用開始に伴って、関係自治体による建設費償還が始まった。河口堰に水道水利権を確保した名古屋市、三重県、愛知県はいずれも大幅な水道料金値上げを行ったが、名古屋市は長良川河口堰の水を一滴も使っ

ていない中での値上げであり、今も河口堰開発水は使っていない。工業用水
はさらに深刻で、三重県、愛知県とも工業用水会計で支払うことができず、
一般会計から工業用水会計への繰り入れを開始した。結局、工業用水は現在
に至るまで全く使われておらず、建設費も既に払い終わってしまった。開発
水量の多くが水道用水に転換され、残りの工業用水も全く使用予定がない。
そしてそのつけはすべて愛知県民、三重県民、そして国の負担部分は国民全
体に回されてしまったのである。
　1998年4月、愛知県知多半島地域と三重県中勢地域の水道に長良川河口堰
開発水の供給が始まった（図3）。知多半島では1998年の秋から、すべて河
口堰開発水に切り替えられたため、切り替え直後から「カルキ臭が強く、水

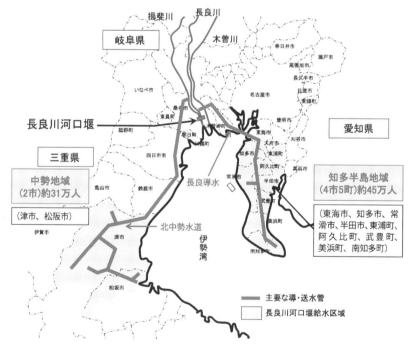

図3　長良川河口堰の水道用水供給地域
出典）国土交通省中部地方整備局木曽川下流工事事務所・独立行政法人水資源機構長良川
　　河口堰管理所（2023年2月12日検索）

道水がまずくなった」、「肌がピリピリする」といった声が水道局に殺到した。浄水場では大量の活性炭を投入することになったという（伊藤2006）。

　一方、2005年7月8日の中日新聞において、これまで三重県が長良川河口堰から取水していると報告していた北勢地域の水道用水取水が、実は木曽川からの取水であったことが明らかになった。三重県は長良川から取水していた水を工業用水に廻し、その代わり、木曽川に設定された工業用水水利権の一部を水道用水として使用していたのである（中日新聞2005年7月8日）。この三重県の対応は国土交通省によって強い指導を受けたが、結果として水源変更はせず、北勢地域水道水源は木曽川のままとなった（中日新聞2005年7月12日）。完全に茶番である。

3．長良川河口堰のその後

⑴　完成から10年後の問いかけ

　ここでは、長良川河口堰の運用開始から10年たった2005年5月23日付朝日新聞社説を紹介する。社説の題名は「長良川堰10年　この惨状をどうする」である。

　　三重県の長良川河口堰が23日、使い始めて10年になる。
　　鵜飼いで知られる長良川は、大河川では珍しく本流にダムがない。「清流を守れ」と全国から反対の声が上がったが、当時の建設省が建設を強行した。
　　結果はどうだろう。特産のヤマトシジミが取れた堰の周りは流れを遮られ、泥がたまっている。せき止めた水の利用はごく一部だけだ。国土交通省は「渇水の時などに役立つ」というが、1800億円を投じるほどのことだったのか。
　　この10年を振り返ると、事前の説明とは異なることが次々に起きた。
　　水質悪化の目安となる植物プランクトンの量は、当初の予想を大きく超える。シジミは放流しても大半が死んだ。漁民は数年で放流をやめた。アユの漁獲量は半分以下になってしまった。
　　「水質の悪化は想定の範囲内。漁民には補償金を払っている」という国土交通省の説明は、強弁としか聞こえない。
　　せっかく大量に取れるようにした水のうち、使っているのは1割だけだ。そ

れも水道用に限られ、工業用水には全く使われていない。「この地域が発展した
ら必要になる」と説明されていたが、10年たっても、買い手は現れなかった。
（中略）

　まずはアユが川を上る春や下る秋にゲートを一部でも開けてみてはどうか。
海水が上がらない範囲なら、今すぐできる。

　上流からの川の水と海水が混じり合う河口は魚や貝、野鳥の宝庫だった。

　ゲートを開け、堰の上流に海水を入れれば、それを一部でも回復できる。取
水口を上流に移せば、利水への影響も少ない。ダムと違い、堰はゲートを機動
的に動かせる。その機能を生かすべきだ。

　この惨状をできるだけ回復する。それは国交省の責任である。

　これに対して国土交通省は、「河口堰は治水、利水面で大きな効用を発揮
するとともに、環境の保全上特段の支障は生じていないと考えています」、
「利水面では、長良川河口堰の完成によって新たに愛知県知多半島地域の4
市5町や三重県北勢地域の2市3町及び中勢地域の3市5町1村に水道用水
を供給するとともに、堰運用以前は塩水の混入により取水が困難となってい
た既存の工業用水やかんがい用水等についても、堰運用後は安定した取水が
可能となりました」、「この10年間の環境に関する調査結果については、平成
17年3月に行われた「中部地方ダム等管理フォローアップ委員会（堰部会）」
において審議され、堰運用に伴う淡水化及び水位の安定化等による環境の変
化はおおむね安定し、環境の保全上特段の支障は生じていないことが確認さ
れています」、「堰の運用によりアユの遡上数が大幅に減少したとは考えてお
らず、アユの漁獲量に堰の運用が著しい影響を及ぼしているとは考えていま
せん」、「長良川河口堰のゲートを開ければ堰上流域への塩水の侵入や周辺土
地の地下水の塩水化を招き、現在、堰上流で取水している水道用水や工業用
水、農業用水の水利用ができなくなるなど、地域住民の生活や経済活動など
に甚大な影響を与えることとなるため、平常時にゲートを開けることはでき
ません」等、朝日新聞の社説の内容を真っ向から否定している（国土交通省
HP）。後述するように、筆者は、長良川河口堰による環境破壊は甚大だと考
えている。こうした状況に対して、「特段の支障は生じてない」と言い切る
国土交通省の意識は犯罪的である。

⑵　完成から20年後の問いかけ

　次に長良川河口堰の運用開始から20年後の2015年7月6日付毎日新聞記事を紹介する。記事の題名は「三重・長良川河口堰：稼働20年　減るシジミ、嘆きの漁師「自然はむちゃ微妙や」」である。ちなみに環境に関わる部分だけの抜粋である（一部改変）。

　　6月22日午前5時過ぎ。朝日が川面を照らす中、赤須賀漁協（桑名市）に所属する漁船十数隻が次々とシジミ漁へ出ていく。「最初の頃は異様に映った。今は見慣れたけどな」。漁師歴50年のベテラン、伊藤順次さん（67）は眼前の河口堰を見やった。

　　向かう先は長良川と並行して流れる揖斐（いび）川だ。元々、堰上下流は海水と淡水が混じる汽水域でシジミ漁の好漁場だった。が、堰建設に伴うしゅんせつで泥がたまるなどして、稼働後3年目ぐらいから極端に取れなくなったという。「もうあかん、と見切って川を変えたんさ」。

　　網の付いた鉄棒を巧みに操って川底を引き、一定の量がたまると船に引き上げ、選別機にかけてかごへ入れる。資源保護などのため、漁協が漁獲量を1日140キロまでに制限しているが、「最近はそれだけ取るのに以前より時間がかかる」とこぼす。砂利やごみが多く、実入りが悪いのだ。

　　「絶対量が減ってきている気がする。そりゃ、木曽三川（揖斐・長良・木曽川）のうち1本（長良川）がなくなったような状態で20年やろ。繁殖する分より取る分が徐々に勝り、利息どころか元金まで消えつつある感じや」。

　　長良川と揖斐川を隔てるヨシ原の変化も気になる。「堰の下流で段々削られている。昔はもっと河口部まであったんや」。伊藤さんは堰の影響と考え、「自然はむちゃ微妙や。川に人工物を造れば何か起こるわな」。深いため息をついた。

　　ただ、堰を管理する独立行政法人・水資源機構は「治水、利水のため人為的に河川を改修し、構造物を造ったことは事実」と述べるだけで、因果関係には言及しない。

　見てきたように、長良川は変わってしまったのだ。

⑶　長良川河口堰検証プロジェクトチームと長良川河口堰検証専門委員会（2011年〜12年）

愛知県では現在、長良川河口堰の運用開始に伴い、長良川の生態系が大き

な影響を受けていると認識している。そのために検討委員会を設置して河口堰のゲートを開けて環境調査を行うための準備・検討を重ねている。

　この取り組みのきっかけとなったのは、大村秀章愛知県知事、河村たかし名古屋市長が2011年2月の知事選、市長選で「アイチ・ナゴヤ共同マニフェスト」、環境政策については「『10大環境政策』で環境首都アイチ・ナゴヤ」を掲げて当選したことにある。大村知事は知事に当選すると早速、マニフェスト「10大環境政策」の1つである「長良川河口堰の開門調査」のための組織（長良川河口堰検証プロジェクトチーム、長良川河口堰検証専門委員会）を立ち上げた。そして11月7日の検証専門委員会で最終的なとりまとめが行われ、検証プロジェクトチームで承認された。『報告書』は2012年1月、大村知事に手渡された。

　『報告書』のまとめは以下のとおりである。長良川河口堰による環境影響は甚大で、開門調査が必要である。開門調査に当たって必要なのは具体的な開門方法と開門時期である。長良川の環境回復のためには、頻繁な開閉ではなく、回遊魚の遡上、降下時期の開放を必要とした。また、開門時期は、夏季の高水温時、渇水期の浮遊藻類の発生時、貧酸素環境の拡大が深刻となる時期に堰を開放し、その効果を測定する必要があるとした。開門方法は、現状の利水に支障を生じさせず、塩害が発生しないことを前提に調査開門を行うこととし、その結果、調査期間は農業用水の取水が終了する10月11日から翌年3月31日のできるだけ早い時から開門して調査を開始することが望ましく、開門調査期間は5年以上必要であるとした。加えて、開門調査の実施方法等を協議する協議機関を設置するとともに、具体的な調査項目や調査方法を検討する委員会の設置が望まれるとしている。

4. 長良川河口堰の現在

(1) 愛知県長良川河口堰最適運用検討委員会（2012年〜現在）

　『報告書』を知事に提出したことにより、検証プロジェクトチームと検証専門委員会はその役割を終え、解散した。そして、2012年6月、開門調査の実施に向けて愛知県ができることを検討するための長良川河口堰最適運用検

討委員会が新たに設置された。

　前委員会の提出した『報告書』では、長良川河口堰は環境面で多大の影響を与えていることが報告されていた。愛知県はその実態を明らかにするために、国土交通省との間で合同会議を立ちあげようとした。しかし、国土交通省は開門調査の必要性を全く認めず、文書交換には応じるものの、今に至るまで合同会議の開催を拒否している。

　こうした状況においても、最適運用検討委員会は長良川河口堰開門調査の実現を目指して、議論を重ねている。そして議論の成果を『166キロの清流をとり戻すために――まずは長良川河口堰の「プチ開門」を実現しましょう』（43p、2016.7）（写真6）と、『新しいフルプランへの提案　2030年　尾張・名古屋の新しい水の使い方　水は賢く使う時代がきた！』（47p、2020.3）（写真7）、さらには『長良川河口堰　これから？』（22p、2022.3）（写真8）

写真6　パンフレット『166キロの清流をとり戻すために－まずは長良川河口堰の「プチ開門」を実現しましょう』表紙

写真7　パンフレット『新しいフルプランへの提案　2030年　尾張・名古屋の新しい水の使い方　水は賢く使う時代がきた！』表紙

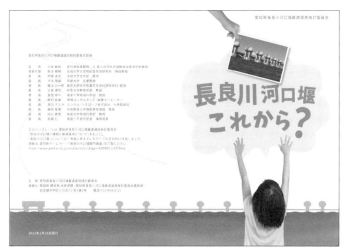

写真8　パンフレット『長良川河口堰　これから？』表紙と裏表紙

　の3冊のパンフレットにまとめている。『新しいフルプランへの提案　2030年　尾張・名古屋の新しい水の使い方　水は賢く使う時代がきた！』は、2015年に期限が切れながら、未だ作成されないフルプランを先取りし、2030年を目標とした水需要計画を提案している。

　また、この10年間の委員会活動記録として、『長良川河口堰の現在の課題と最適運用について～長良川河口堰最適運用検討委員会　10年の検討の整理と、変化の時代における長良川河口堰の課題と取り組みの方向～』（117p、2022.3）を作成した。これらはいずれも愛知県水資源課HP「長良川河口堰開門調査」（https://www.pref.aichi.jp/soshiki/mizushigen/0000050209.html）で読むことができる。

⑵　生態系の破壊

　長良川河口堰ができて運用が始まったことにより、長良川の生態系は著しく変貌した。堰上流側は、堰の潮止めにより淡水化し、水位変動幅わずか0.5m（堰運用前は2.1m）の湖と化した。豊かなヨシ群落は面から点へ、そして死滅し、面積は約1割に減っている。ヨシ原に依存するオオヨシキリは激

減し、汽水域の湿地に生息し移動範囲の小さいベンケイガニ・クロベンケイガニは姿を消した。汽水域は河口堰で分断されて消滅した。堰の上下流で河床にはヘドロが堆積、とりわけ下流部は厚く、約2m 堆積したまま洪水によって押し流されることもない（武藤2020）。筆者は、長良川河口堰直下流に厚く堆積し、取り除くことのできないヘドロは、長良川河口堰の存在そのものを問いかける環境影響と考える（写真9、10）。

写真9　長良川河口堰下流にて川底の土（ヘドロ）を採取中
出典）筆者撮影（2018年11月4日）

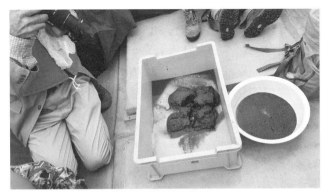

写真10　採取された川底の土（ヘドロ）
出典）筆者撮影（2018年11月4日）

　堰運用により長良川下流域では流れが止まり、鮎の仔魚は伊勢湾へ降下できない。流れのない河口堰貯水域でほぼ死滅しているのではないか。現在、漁協が長良川中流の岐阜市内で捕獲・人工授精し、約1億粒の受精卵をトラックで長良川河口堰に隣接して造られた孵化施設まで運び、孵化させた上で放流している。人が手を差し伸べて鮎のライフサイクルを支えているのである。しかし、これは適切な対応なのであろうか。私たちが目指すべきは、鮎の卵を運搬することではなく、鮎の仔魚が自然流下できる長良川を取り戻すことではないのか。

　伊勢湾にも影響は広がっている。愛知県漁業協同組合連合会は2022年5月6日、大村愛知県知事に対して、長良川河口堰の運用と伊勢湾の貧酸素化、貧栄養化との関係について開門調査を含めた科学的な調査を早急に行い、漁業影響を最小化するための適正な運用方法を求める要請書を提出した（愛知県漁業協同組合連合会代表理事会長山下三千男2022）。その内容を見ると、漁業者は伊勢湾の貧酸素問題、貧栄養問題の改善には、各種対策に加えて長良川河口堰の運用の改善が避けて通れないと考えている。長良川河口堰は建設当初から河川のみならず、長良川が流入する伊勢湾の海洋生態系およびそれに依存する海面漁業への悪影響が危惧されており、これらへの影響調査を実施するとともに影響対応を強く要請してきたが、当該海域の漁業には影響を及ぼさないとされ、海面漁業には何の配慮もされないまま建設され、今日まで四半世紀にわたって運用されてきた。しかしこの間、堰による河川水の貯留による海域への栄養塩供給の大幅な低下や堰の上下流域の底質悪化等が進行していると漁業者は推測している。

　環境問題は時の経過とともに徐々にその影響が明らかになってくるものが多い。建設当初には見えなかった問題が月日の経過の中で露わになってきたのかもしれない。漁業者が言うように、少なくとも影響調査は必至と言えよう。

⑶　水資源計画の破綻

　長良川河口堰検証専門委員会の検討によって、長良川河口堰の開発水利権22.5m³/sec のうち、2004年時点で使用を前提に許可された水利権が3.59m³/

表2　長良川河口堰の水利権

	工業用水（m³/sec）			水道用水（m³/sec）		
	計画当初	1987年	2004年	計画当初	1987年	2004年
愛知県	6.39	8.39	2.93	2.86	2.86	8.32
三重県	8.41	6.41	6.41	2.84	2.84	2.84
名古屋市	0.00	0.00	0.00	2.00	2.00	2.00
計	14.80	14.80	9.34	7.70	7.70	13.16

	計（m³/sec）			使用水利権	
	計画当初	1987年	2004年	（m³/sec）	（％）
愛知県	9.25	11.25	11.25	2.86	25.4
三重県	11.25	9.25	9.25	0.732	7.9
名古屋市	2.00	2.00	2.00	0.00	0.0
計	22.50	22.50	22.50	3.59	16.0

出典）愛知県長良川河口堰検証専門委員会（2011）より引用

sec であることが明らかになった。開発された水利権との割合で見ると、愛知県25.4％、三重県7.9％、名古屋市0.0％で、全体では16.0％に過ぎない（表2）。マンション開発ならば、管理会社はとっくに倒産している。工業用水に至っては一滴も使われていない。そして、この膨大な水余りに対する愛知県の今後の見通しは表3のとおりで、工業用水水利権8.39m³/sec のうち5.46m³/sec を水道用水に転用し、残された工業用水2.93m³/sec には事業計画が立っていない。無残である。これについての愛知県の反省は一度も聞かれない。

　近年になっても、状況は全く変わっていないどころか、かえって悪化している。図4を見ると、1980年代を通じて増加していた尾張地域の水道1日最大給水量は、1990年代に入ると上限を示し、2000年代には少しずつ低下傾向を示すようになる。そして2010年代に入ると、低下傾向がはっきりしている。一方、1日平均給水量は2000年頃まで増加を続け、2000年代に上限を示し、2010年代には低下傾向に入った。これは全国的傾向で東京も例外ではない。

20

表3　長良川河口堰における愛知県の開発水量とその使用先（予定を含む）

		開発水量	2/20渇水年の開発水量	備考
水道用水	愛知用水	2.86	2.15	現在使用中
		0.94	0.71	安定供給水源。導水路は既存水路を使用（＋徳山ダム）
	尾張地域	4.52	3.40	安定供給水源。導水路は検討中
工業用水	尾張地域	2.93	2.20	事業計画は未定である。

出典）愛知県長良川河口堰検証専門委員会（2011）より引用

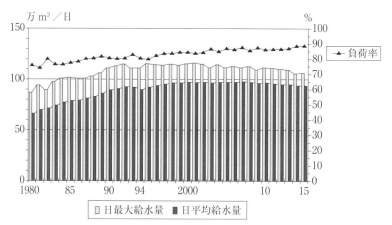

図4　愛知県尾張地域（名古屋市を含む）の水道1日最大給水量と1日平均給水量、並びに負荷率の推移

出典）愛知県長良川河口堰最適運用検討委員会（2020）

　水道需要が減少する要因には様々あるが、最も大きいのは1人当たりの水使用量が減少していることだ。その理由として、トイレ、洗濯機等における節水型タイプの家電製品の普及が大きな要因を占める。私たちの節水意識ももちろん大切だが、それ以上に家電製品をより節水型のものに買い替えることによって、家庭内の節水化は果されてきたのである。

　工業用水については1973年の第1次オイルショック以来、減少を続けてい

る。長良川河口堰に確保された工業用水水利権も知らぬ間に大幅に減少し、計画当初14.80m³/sec（愛知県6.39m³/sec）だったものが、現在は9.34m³/sec（愛知県2.93m³/sec）だ。その使い道がないことは愛知県も認めているし、もう一つの水利権確保団体である三重県も使用実績が全くないどころか、将来に向けての使用計画も存在しない。

(4)　賢い水利用の提案

　政府のフルプランが水需要予測に絶えず失敗する理由は何か。フルプランの持つ性質として、どうしても地域発展の夢を含んでしまうことから、水が足らないことが許されず、絶えず水需要を多めに見積もってしまう傾向にある。また、計画を立てる国・地方自治体が計画に失敗しても、自ら損失を被ることはない。損失はすべて国民・県民・市民に転嫁される。国民・県民・市民も水が足らない状況が発生すると批判するが、水が余った場合に批判する国民・県民・市民はほとんどいない。フルプランはもはや、いや、かなり前から計画と呼べないものになっている。

　『新しいフルプランへの提案　2030年　尾張・名古屋の新しい水の使い方　水は賢く使う時代がきた！』では、2015年に期限が切れながら、新たに作成されていないフルプランを先取りし、2030年を目標とした水需要計画を提案している。ここで簡単にその内容を見ていくが、最初に言わなければならないのは、全国的に見ても、都市用水需要の増加はかなり前に終焉しており、ダム・河口堰の新規建設を支えるフルプランの役割は終わっているという点である。しかし国土交通省は何らかの計画を立ててくるだろう。その場合、最大の根拠は異常渇水（現行計画を超える渇水で、現行計画は10年に１回程度発生する渇水を対象としている）対策であり、地域ごとの利水安全度の向上を目指すものになると思われる。そうした考え方のそもそもの問題点については伊藤（2023a、b）を参照して欲しい。

　では、2030年の水需要予測はどうか。前回のフルプランにおいて、愛知県のフルプラン地域である尾張地域は、2000年に117.1万m³/日の実績に対し、2015年の予測が132.7万m³/日、そして2015年の実績は105.5万m³/日であった。そこでここでの予測は2015年の実績からスタートし、2030年の水需要を

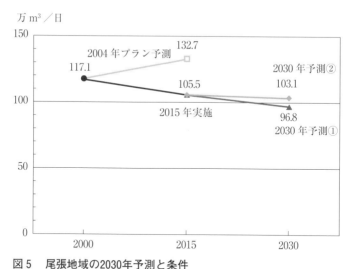

図5　尾張地域の2030年予測と条件
出典）愛知県長良川河口堰最適運用検討委員会（2020）

予測する。予測結果は次の2つである（図5）。

　　予測① ── 節水をさらに進めることができた場合 ── 水需要予測96.8万m³／日
　　予測② ── ほぼこれまでの傾向を延長した場合 ── 水需要予測103.1万m³／日

　どちらの予測をとっても、今より水需要は減少しており、これが現実である。

　国土交通省の説明において致命的に欠けているのは農業用水部門を含めた河川全体の水利用秩序形成の欠如である。わが国の河川管理において、少なくとも低水管理、つまり河川に流れる水が少ない時の水利用秩序は、これまで農業用水部門がその中心を担ってきた。水量的には今もそうである。従って、わが国において、異常渇水時の河川の流量管理は農業用水部門を抜きにして行うことができない。それを、農業用水部門を抜きにしてやろうとしてきたばかりに、いつまでたっても完成しないダム依存の流量管理システムにこだわってしまうのである。今後、フルプランの目的が異常渇水対策に向かい、地域ごとの利水安全度の向上を目指すものになっていくのならば、農業

用水の歴史的な水利用権利を尊重しながら、現代社会に最もふさわしい河川水利用秩序を農業用水部門と一緒に作っていかなければならない。国土交通省だけでは解決は無理なのである（伊藤2023a、b）。

5．長良川点描

⑴　鵜　飼

　美濃国、現在の岐阜県南部では、7世紀頃から鵜飼が行われていたと言われており、これが、長良川鵜飼が1300年以上の歴史を持つとする由来になっている。1878（明治11）年、明治天皇の岐阜巡幸中に随行した岩倉具視らが鵜飼を観覧し、天皇に鮎が献上されている。岐阜県は宮内省（現在の宮内庁）の管轄の中でその庇護を得ようと考え、皇室専用の「御猟場」、「監守」、「鵜匠」の設置を願い出た。宮内省は1890（明治23）年、長良川流域の3か所を御猟場（現在の御料場）と定め、通年の禁漁区とした。これにより、鵜匠は宮内省主猟寮に所属することとなった。

写真11　鵜飼
出典）筆者撮影（2011年7月24日）

写真12　鵜飼の前の鵜匠による説明
出典）筆者撮影（2011年 7 月24日）

　現在、長良川鵜飼には、毎年10万人を超える観光客が訪れる。しかし、ピーク時（昭和40年代）には、30万人を超える観覧者数を記録した。毎年 5 月11日～10月15日までの間、鵜飼休みの日（2022年は 9 月12日）と、増水などで鵜飼が中止になる日を除いて毎晩行われている。鵜飼時間は19時45分頃で、客が乗る船は18時～19時台に出船する。乗船料金は大人3,200円～3,500円で（ぎふ岐阜長良川の鵜飼HP）、お金がもったいない人は長良橋からでも見ることができるが、やはり船からの近距離での見学には敵わない。一生に一度や二度は見るべきだ、と少し強めに推奨したい（写真11、12）。
　長良川河口堰運用開始後、鮎が小型化し、天然遡上の盛期の遅れが発生している。長良川河口堰は鵜飼にも影響を与えていると考えている人は多い。

⑵　郡上八幡
　郡上八幡の中央を流れる長良川支流の吉田川は、岐阜県の名水50選に認定されるほどの透明度を誇る素晴らしい川である。夏の郡上徹夜踊りと郡上美人に負けないくらい、郡上八幡は豊かな水源と多様な水利用が自慢である

写真13　郡上の町中の染物店と店の前を流れる用水。実演して
　　　　いるのが染物店の店主。偶然通りかかった私たちに丁
　　　　寧に説明してくれた。

出典）筆者撮影（2011年7月25日）

写真14　子供たちに誘われて吉田川に飛び込んだ大学生。かな
　　　　り強く止めたが、自らの意思で飛び込んだ。

出典）筆者撮影（2016年6月27日）

（写真13）。毎年、夏になると、名古屋都市圏のテレビは吉田川に架かる橋から川へ飛び込む子供たちの映像を流して（写真14）、当地の夏の始まりを告げる。

　全国で唯一商標登録された鮎を「郡上鮎」と言い、もしかしたら、郡上美人を越えて郡上八幡の人たちの一番の自慢かもしれない。長良川河口堰建設問題が話題になった時、最も激しく建設反対を叫んだのが郡上の人たちだった。海と平野と山をつなぐ川をダムや河口堰で分断してはならない。生活の中での密な水利用を通じて、毎日の鮎釣りを通じて、夏の間の頻繁な吉田川への飛び込みを通じて、郡上の人たちはそのことを知っていたのに違いない。

(3)　大橋兄弟

　長良川の川漁師として有名な大橋兄弟の、兄の大橋亮一さんは、「長良川下流域に限定すれば、長良川は死んでしまっている」と述べる（写真15、16）。昭和の最盛期には同じ集落だけで50人近くいたという漁師も、下流域で残ったのは亮一さん、修さんの２人だけだ。講演や会話の中で、長良川河口堰ができて以来、「川がばっちくなった」とよく話していた。他にも「昔は宝の長良川やった。今は滅びゆく長良川や」、「清流長良川ってよく言うけ

写真15　大橋兄弟（亮一さん、修さん）
出典）筆者撮影（2018年９月３日）

写真16　大橋兄弟が捕ったカニ
出典）筆者撮影（2018年 9 月 3 日）

れど、本当に清流やろうか？よう見てみい。ゴミだらけや」、「河口堰が出来てからこのあたりの川は流れんくなって、湖みたいや。魚もおらんようになった」、「川は流れてこそ川。子供の時分、長良川は本当にええ川やった」、「わたしらが元気なうちに何とか河口堰のゲートを開けてやって、昔の自然の川に戻してやりたい」など、名言は多い。

　河口堰が出来る前、長良川は「宝の川」であった。鮎は河口から36km 地点でも産卵をしていたが、今では50km 地点あたり（岐阜市忠節橋下流附近）で産卵するようになった。それは、36km 附近では流速が急速に失われていて、川と言うよりはただの溜池状態で、川底の石にアユの餌になるような苔がつかなくなってしまったからだ。そして生まれた仔鮎は、海へ下るのに10km 余分に泳がなくてはならないし、その先には河口堰があり、そこを越せるのは、万に 1 匹だ。昔は春になると、長良川が黒くなるほど、川岸には鮎独特のスイカに似た香りを漂わせながら稚アユが遡上していった。その頃、ワンシーズンで、アユは 1 ～1.5t の漁獲高があった。河口堰ができて 2 年間はあまり変化がなく、兄弟で大丈夫じゃないのかと話していたが、 3 年目から激減した。その頃川底が石ころではなくて砂地になっていた。

　長良川を代表するもう 1 つの魚がサツキマスだ。サツキマスは、漁期は約 1 カ月間、その間に1,000匹獲れた。それが近年ではわずか70匹だ。長良川

のサツキマスはいくらでも料亭が買い上げてくれた。平均取引価格は1kg あたり4,000〜5,000円で、長良川のお姫様だった。

　以上、地域資料・情報センター「忘れてはいけない事実　よみがえれ長良川〜河口堰20年・開門調査実現を！」と、梅田美穂「川に寄り添い生きる長良川の漁師たち part2」から主に引用させていただいた。大橋兄弟についてはさらに『長良川漁師口伝　俺んたァ、長良川の漁師に生まれてよかったなぁ』（大橋亮一、大橋修語り／磯貝政司聞き書き・写真）が詳しい。大橋亮一さんは愛知県長良川河口堰開門検討委員会の委員で、会議の前後を含めてよくお話しさせていただき、さらにお話を聞くために自宅にお邪魔したこともある。その言葉には長良川を最も知る人の重みがあった。大橋さんが元気な間に長良川河口堰の開門調査をすることが目標だったが、2019年1月24日に亡くなられ、目標は叶わなかった。ここに謹んで故人の冥福を祈ります。

参考文献
愛知県漁業協同組合連合会代表理事会長山下三千男（2022）「長良川河口堰に関する要請書」
愛知県長良川河口堰検証専門委員会（2011）『報告書』
　（https://www.pref.aichi.jp/soshiki/tochimizu/0000048111.html）（2023年2月16日検索）
愛知県長良川河口堰最適運用検討委員会（2016）『166キロの清流をとり戻すために――まずは長良川河口堰の「プチ開門」を実現しましょう――』
　（https://www.pref.aichi.jp/soshiki/mizushigen/0000050209.html）（2023年2月16日検索）
愛知県長良川河口堰最適運用検討委員会（2020）『新しいフルプランへの提案　2030年　尾張・名古屋の新しい水の使い方――水は賢く使う時代がきた！――」
　（https://www.pref.aichi.jp/soshiki/mizushigen/0000050209.html）（2023年2月16日検索）
愛知県長良川河口堰最適運用検討委員会（2022a）『長良川河口堰の現在の課題と最適運用について――長良川河口堰最適運用検討委員会10年の検討の整理と、変化の時代における長良川河口堰の課題と取り組みの方向――』
　（https://www.pref.aichi.jp/uploaded/attachment/412088.pdf）（2023年2月16日

検索）

愛知県長良川河口堰最適運用検討委員会（2022b）『長良川河口堰　これから？』
　（https://www.pref.aichi.jp/soshiki/mizushigen/0000050209.html）（2023年2月
　16日検索）

伊藤達也（2006）『木曽川水系の水資源問題——流域の統合管理を目指して——』
　成文堂

伊藤達也（2023a）『水資源問題の地理学』原書房

伊藤達也（2023b）「地理学と環境問題——水資源政策を展望する——」法政地理
　55

梅田美穂「川に寄り添い生きる長良川の漁師たち part2」
　（http://dochubu.com/2014/06/18/tokusyu1406_002/）（2023年2月16日検索）

大橋亮一・大橋修語り／磯貝政司聞き書き・写真（2010）『長良川漁師口伝　俺ん
　たァ、長良川の漁師に生まれてよかったなぁ』人間社

木曽三川治水百年のあゆみ編集委員会・（社）中部建設協会（1995）『木曽三川治
　水百年のあゆみ』建設省中部地方建設局

ぎふ岐阜長良川の鵜飼 HP（https://www.ukai-gifucity.jp/Ukai/price.html））
　（2023年2月16日検索）

クルーズ名古屋 HP（https://cruise-nagoya.jp/attractiveness/）（2023年2月12日
　検索）

国土交通省 HP（https://www.mlit.go.jp/river/dam/main/opinion/20050523/
　index.html）（2023年2月12日検索）

国土交通省中部地方整備局木曽川下流工事事務所・独立行政法人水資源機構長良
　川河口堰管理所「長良川河口堰はどう役立っているか」（https://www.water.go.
　jp/chubu/nagara/50_brochure/images/leaflet_nagara.pdf）（2023年2月12日検
　索）

地域資料・情報センター「忘れてはいけない事実　よみがえれ長良川〜河口堰20
　年・開門調査実現を！」（https://www1.gifu-u.ac.jp/~forest/rilc/kakouzekiheim
　on20-2.html）（2023年2月16日検索）

名古屋市公式観光情報　名古屋コンシェルジェHP
　（https://www.nagoya-info.jp/spot/detail/178/）（2023年2月12日検索）

武藤　仁（2020）「長良川河口堰をめぐる状況と課題」河北潟総合研究23

II

八ッ場ダムを歩く

梶原健嗣

1．はじめに——八ッ場ダムとの出会い

　気が付けば、八ッ場ダムとの関わりは間もなく20年になろうとしている。その後の研究テーマには、八ッ場ダムあるいは利根川水系を対象としないものもあったが、それでもやはり八ッ場ダムは私の研究の原点である。

　約20年前、私が八ッ場ダムを研究対象に選んだのには、2つの理由があった。最も近い大型ダムの建設地だったこと、そしてそれが「現在進行形の紛争」だったことである。2004年11月に始まった裁判は、ダム下流都県、すなわち計画上ダムの受益地とされる人々が提訴した住民訴訟だった。ダム反対運動＝地権者・水没者の運動というイメージ（先入観）があった私には、「なぜ、下流から？」、「どういう論理？」という点が気になった。そこから私の八ッ場ダム研究が始まった。

2．八ッ場ダムとは

　八ッ場ダムは、群馬県吾妻郡長野原町にある重力式コンクリートダムである。堤高は116m[1)]、総貯水容量 1 億750万 m³（うち有効貯水量は9,000万 m³（堆砂容量1,750万 m³））の大型ダムである。写真 1 が八ッ場ダムを直下から見上げたもので、まさにそそり立つ壁である。

　八ッ場ダムは、治水・利水が目的の多目的ダムである。ダム湖は、夏期（洪水期、7/1〜10/5）は治水中心、冬期（非洪水期、10/6〜6/30）は利水中心

32

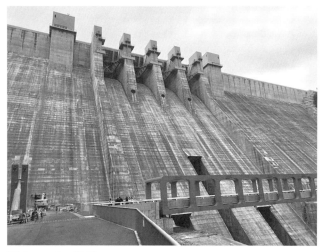

写真1　八ッ場ダム
出典）2022年11月20日、筆者撮影

の運用になる。そのため、その水位変動は図1のとおり、28m にも及ぶ。夏場になると、ダムの水位はかなり浅くなる（写真2）。

　八ッ場ダムは2020年3月に完成し、以後その管理は利根川統合ダム管理事務所に移行している。同事務所はその名の通り、利根川上流域のダムを統合管理する事務所で、管理対象となるダムは表1および図2のとおりである。国土交通省および水資源機構のダムを管理し、平地ダムの渡良瀬遊水地を含め、9ダムを管理している。

　表1のなかで太字になっているのが、利根川水系の治水基準点・八斗島（群馬県伊勢崎市）上流のダムである。八斗島地点は、上流域最大支流の烏川（その支流に碓氷川、鏑川および神流川）が注ぎ込むところで、利根川上流域の治水基準点となってきた。八ッ場ダムが位置するのは、渋川で利根川本川に合流する吾妻川である。

非洪水期
10/6 ～ 6/30

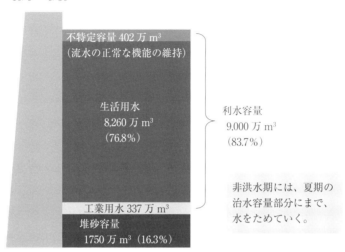

洪水期
7/1 ～ 10/5

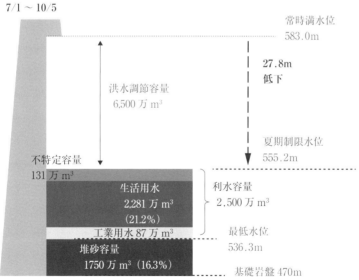

図1　八ッ場ダム・諸元
出典）利根川ダム統合管理事務所ホームページ[2)]

写真2　夏期（洪水期）の八ッ場ダム
出典）2021年6月21日、筆者撮影

表1　利根川上流ダム群

管轄	ダム名	竣工年	集水面積	総貯水容量	堤高
水資源機構	矢木沢ダム	1967	167.4km²	20,430万 m³	131m
	下久保ダム	1969	322.9km²	13,000万 m³	129m
	草木ダム	1977	254.0km²	6,050万 m³	140m
	奈良俣ダム	1991	95.4km²	9,000万 m³	158m
国土交通省	藤原ダム	1958	401.0km²	5,249万 m³	95m
	相俣ダム	1959	110.8km²	2,500万 m³	67m
	薗原ダム	1966	607.6km²	2,131万 m³	76.5m
	渡良瀬貯水池	1990	2601.9km²	2,640万 m³	8.5m
	八ッ場ダム	2020	711.4km²	10,750万 m³	116m

出典）利根川ダム統合管理事務所ホームページ等

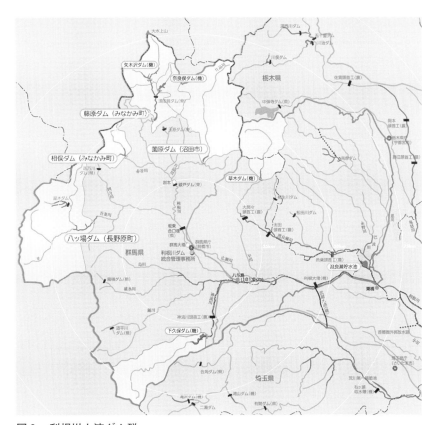

図2　利根川上流ダム群
出典）利根川ダム統合管理事務所ホームページ[3)]

3．ようこそ、ダムに沈む温泉へ

　その吾妻川に沿うように、吾妻線が走る。渋川駅から1時間ほど下り電車に乗ると、川原湯温泉駅にたどり着く。ここが八ッ場ダム（群馬県吾妻郡長野原町）の最寄駅で、1つ先には草津温泉の玄関口である長野原草津口駅がある。かつては上野発の特急草津の停車駅にもなっていた川原湯温泉駅だが、現在は停車しない。それでも、電車で行けるダム（しかも大型ダム）と

いうのは貴重である。

「八ッ場」というのは、長野原町のなかの小字である。源頼朝が発見した
という伝承[4]をもつ温泉場が水没予定地で、ダムというと最上流という先入
観があった私には、「え？　特急が止まる駅？」、「まだまだ先に駅は何個も
あるの？」という点は驚きだった。念のために補足すれば、八ッ場ダムのよ
うな中流部にできる大型ダムは珍しい。鉄道が水没し、その付け替えが公共
補償[5]として行われるというのも珍しいケースである（ただ、その当時はそう
したことは知る由もない）。

　私が初めて川原湯温泉に行ったのは、2005年だったと思う。写真3は、水
没した旧川原湯温泉駅である。この旧駅は2014年9月24日をもって営業を停
止（同年10月1日より新駅に切り替え）した。写真3は、旧駅の最後の春の様
子である。

　切り替え前の吾妻線は、渋川から国道145号線に沿って吾妻川の左岸を進
んだ。日本一短いトンネルとして有名だった樽沢トンネル（全長7.2m）を過
ぎると、旧八ッ場大橋（表紙）地点で右岸（川原湯地区）に渡る。ここから

写真3　旧・川原湯温泉駅
出典）2014年4月17日、川合利恵子氏撮影

写真4 旧川原湯温泉街入り口の看板
出典）2005年8月5日、渡辺洋子氏撮影

　列車は徐行し始め、写真3の旧駅に着く。その徐行区間で車内から見えたのが、写真4の看板である。

　ダム湖に沈むという事態に直面した温泉街が、それを逆手にとった観光客誘致を考え、掲げた看板である。ダム建設及び反対運動の歴史については後述するが、ダム建設の対象地になると、「いずれ水没してしまうのだから、公共投資は無駄になる」という理由で、公共投資が避けられるようになる（他方、実際に工事が始まると、関連工事を含めて、建設ラッシュになる）。地域の人々の私的なメンテナンスも滞る形になり、皮肉な形で川原湯温泉街は、「昭和30～40年代の雰囲気を残す温泉街」となっていた。

　温泉街は吾妻川の右岸にあり、駅からなだらかな坂道が続いていた。その温泉街のありし日の姿を映したのが写真5である。写真5に映る山木館は、川原湯温泉の老舗旅館で360年の歴史を持つ。13代目の当主・樋田富治郎氏は、八ッ場ダム反対期成同盟・委員長として反対運動の中心に立ち、1976～1990年まで長野原町長も務めた。なお、山木館は高台に再建した新川原湯温泉に新しい旅館を再建し、現在は樋田勇人氏が15代目の当主を務めている。

38

写真5　旧・川原湯温泉街
出典）2007年10月19日、渡辺洋子氏撮影

　坂をほぼ上りきった地点には、共同浴場・王湯（写真6）があった。川原湯温泉では、毎年1月20日、午前5時から住民がお湯をかけ合って湯の神に感謝する「湯かけ祭り」という行事がある。その起源だが、源頼朝による川原湯温泉の発見（1193（建久4）年）から約400年後、同温泉のお湯が出なくなった。そうしたなか、一人の村人が温泉の匂いをかいだところ、ニワトリの卵をゆでたような匂いがしたという。そこでニワトリを生贄にしてお祈りしたところ、お湯が再び湧き出たという。そこでみんなでお祝いすることになった。はじめは「お湯わいた、お湯わいた」と言っていたのが、次第に「お祝いだ、お祝いだ」となり、みんなでお湯をかけあうようになったという[6]。そのようにして始まったのが「天下の奇祭」湯かけ祭りで、その会場だったのが王湯である。旧・王湯脇には、湯かけ祭りの由来を示す小さな看板も掛けられていた。

　ダム計画は、水没340世帯[7]、1,170人という人々が影響を受けるものだった（表2）。川原湯温泉街のシンボルともいえる王湯も含め、旧温泉街はいま、ダム湖の底に沈んでいる。写真7は解体された旧王湯、写真8は旧温泉

写真6　旧・共同浴場「王湯」
出典）2016年1月25日、筆者撮影

表2　八ッ場ダム計画とその水没世帯等

集落名	世帯数	水没世帯数	水没世帯の内訳					人口(人)	水没人口(人)	水没宅地 ha	水没農地 ha
			旅館	商業	農業	工業等	勤め人等				
川原畑	79	79(29)		6(3)	31	2	40(26)	307	623	6.2	11.9
川原湯	201	201(109)	18(9)	44(26)	16	6(1)	117(73)	623	307	2.5	9.6
林	103	20(2)		4	9		7(2)	424	82	0.8	17.5
横壁	47	15			11	1	3	225	66	0.8	7.3
長野原	392	25(4)			1	5	19(4)	1,442	92	1.5	2.0
計	822	340(144)	18(9)	54(29)	68	14(1)	186(105)	3,021	1,170	11.8	48.3

出典）1979年4月1日現在群馬県調べ（生活再建案1980年10月群馬県）
＊カッコ内は借地・借家世帯数。
八ッ場あしたの会ホームページ[8]より、資料提供

街で最大規模をほこった柏屋旅館の解体の様子である。水没というのは、このようにして地域の核となるものが1つずつ解体していく過程でもある。櫛の歯が欠けるように、1軒また1軒と解体が進んでいく過程である。

写真 7　解体された旧王湯
出典）2017年 5 月20日、筆者撮影

写真 8　柏屋旅館の解体
出典）2011年 2 月26日、渡辺洋子氏撮影

4. カスリーン台風と「洪水の資源化」

　ここで、改めて八ッ場ダム計画を振り返ってみよう（巻末に関連年表を掲載）。ダム計画の発端は1952年と言われる。そのきっかけとなったのが、1947年9月、関東・東北地方を襲ったカスリーン台風である。同台風は全国で1,930人の死者・行方不明者を出した。表3は、当時の内務省関東土木出張所が同年10月にまとめた水害の速報による被害状況である。

　群馬県と栃木県の被害が大きいわけだが、利根川本川が県内を流れない栃木県の人的被害が大きいことに違和感を持って欲しい。その理由は、渡良瀬川などの支川の氾濫である。同台風における群馬・栃木両県の被害は、その大部分が渡良瀬川流域で発生し、死者等は709人である（中央防災会議・災害教訓の継承に関する専門調査会報告書2010、p9）。渡良瀬川流域では、上流から

表3　カスリーン台風の被害

	人的被害		経済的被害				
	死者数	傷者数	床上浸水	床下浸水	家屋流失	家屋半壊	田畑浸水
東京都	8	138	72,945	15,485	56		2,349
神奈川県	1	5	10,261		22		420
千葉県	4		263	654		6	2,010
埼玉県	86	1,394	44,610	34,334	1,118	2,116	66,524
群馬県	592	315	31,091	39,938	19,936	1,948	62,300
茨城県	58	23	10,482	7,716	209	75	19,204
栃木県	352	550	45,642		2,417	3,500	24,402
山梨県	16	8	1,985	4,019	44	122	4,998
長野県	3			20			629
新潟県	11	12	246				175
合計	1,131	2,445	319,691		23,802	7,767	183,011

出典）内務省関東土木出張所（1947、p32）
単位は、人的被害は人、家屋被害は戸、田畑被害は町歩

の土砂流出によって著しい河床上昇が生じ、そのために桐生市・足利市など
で多数の氾濫に見舞われた。

　こうした被害を経て、利根川水系の河川改修計画は改訂されることになっ
た。カスリーン台風以前の既往最大洪水は1935年9月に記録されているが、
この時八斗島では4.60mという水位を記録していた[9]。しかしカスリーン台
風時には、これを大きく上回る5.28mという水位を記録した（内務省関東土
木出張所1947、p15）。1947年9月15日20時に記録した最高水位は、八斗島の
計画高水位[10]（5.15m）をも超えるものである。利根川本川に限っても、24の
水位観測所で計画高水位越えとなった（同、pp15〜16）。

　これは、流量でいえばどの位か。実は、当時の八斗島ではその流量観測が
行われておらず、報告書の記載は白紙である（同、p22）。そこで、近隣の上
福島（利根川、9,220m³/s）、岩鼻（烏川、6,740m³/s）、若泉（神流川、1,380m³/
s）の洪水データをもとに、八斗島の最大流量は推定されている。そうして
推定された最大流量は、16,850m³/sである。この推定方法、そしてその問
題点は拙著で記した通りだが（梶原2014、pp186〜190）、ともかくその数字を
もとにして、1949年2月、新たな治水計画（利根川改修改訂計画）が策定さ
れることになった。

　計画の対象となる基本高水流量[11]は、前記推定を基にした17,000m³/sであ
る。この洪水を上流域で3,000m³/sカットし、下流河道で14,000m³/sを流下
させる（計画高水流量）というのが、利根川の治水計画である。

　その洪水調節を実現するために、内務省治水調査会利根川委員会[12]はダム
候補地点の調査を行った。調査は1949年から1953年にかけて9回にわたって
行われた。これを示したのが図3である。●が実際に建設されたダムで、
八ッ場ダムは梶原（2014）執筆時点では建設中のため、○である。現在の
八ッ場ダム地点は、9回の調査のうち7回にわたって調査対象となっている
（利根川百年史編集委員会ほか1987、pp927〜929）。

　そうしたなかで1952年5月16日、建設省が長野原町にダム計画の基礎とな
る調査を行う旨を通知した（嶋津ほか2011、p23）。この時同地を訪れた建設
省の坂西徳太郎が、「この村は、ざんぶり水につかりますな」と言った（萩
原1996、p1）という話が萩原好夫の回顧録を通じて語られるが、その真偽は

候補16地点

沼田	7／9
● 藤原	7／9
● 薗原	6／9
● 相俣	5／9
○ 八ッ場	7／9
坂原	1／9
● 矢木沢	1／9
下平	1／9
広池	2／9
郷原	1／9
鳴瀬	1／9
高沼	4／9
本庄	1／9
山口	1／9
跡倉	1／9
神ヶ原	1／9
扇屋	1／9
● 下久保	1／9
幡谷	1／9

『利根川百年史』, p927

図3　利根川改修改訂計画策定後のダム候補地調査
出典）梶原（2014、p191）より転載
注）分数表記は、調査回数（9回）と当該地点の調査回数を示す

明らかではなく、若干誇張されている感じがしなくもない。
　替わりに当時の状況を伝えるものとして、同年6月29日付の毎日新聞（群馬版）を紹介したい（図4）。そこにも示されているように、当時のダム計画は治水と発電が主たる計画である。戦後初期から高度成長期までは、「洪水の資源化」ともいうべき、洪水調節（治水）＋発電を目的とする多目的ダムが多かった（梶原2022、p37）。それは、毎年連続するように大きな台風が押し寄せ、全国的に治水が大きな課題となる一方、植民地を失い、「内なるフロンティア」を求めていた戦後日本の社会需要に沿う開発目的である。当初の八ッ場ダム計画も、そうした社会状況を示す1つといえる。

44

図4　八ッ場ダム計画を伝える新聞
出典）渡辺洋子氏提供

5．中和事業による計画の「復活」

　計画が伝えられると、すぐさまダム反対運動が起きた。川原湯の旅館主
だった萩原好夫をリーダーに住民たちは反対運動を組織し、上京して陳情し
たこともあった。地元の代議士・中曽根康弘から、「断固、反対する」とい
う確約をもらったともいう（嶋津ほか2011、pp21〜22）。だが、その計画は一
度頓挫する。

　計画を頓挫させた主たる理由は、反対運動ではない。原因は吾妻川が強酸
性河川だったことである。当時の吾妻川は、魚も住めない「死の川」と言わ
れていた。上流には硫黄を産出する草津白根山などがあり、そのせいでダム
予定地の水質は、pH2〜3という強酸性河川だった。大熊孝は、昭和30年代

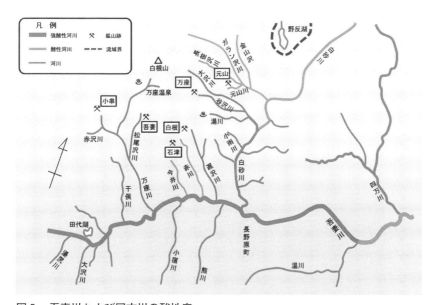

図5　吾妻川および同支川の酸性度
出典）品木ダム水質管理事務所パンフレット[13]より、転載

　後半の吾妻川が真っ赤だったことをよく覚えていると筆者に語ったことがあるが、人為的な介入がなければ、今でも吾妻川とその支川は強酸性河川になってしまう（図5）。
　強酸性河川ゆえのダム計画の頓挫——その事態を打開したのが、群馬県の土木部長だった落合林吉である。落合は建設省計画局総合計画課長から、1956年に群馬県に出向した。1957年、群馬県は吾妻川総合開発事業計画を策定するが、その中心となったのが落合である。その落合の下で、吾妻川の中和事業が行われることになった。
　1961年、群馬県企業局（局長・落合林吉）は草津温泉の中心部に中和工場の建設を開始した。1963年11月には同工場が完成、翌1964年1月から操業を開始した（1968年5月、国営に移管）。中和工場は、吾妻川の支流・湯川に石灰ミルクを投入し（写真9）、これにより河川を中和化するというものである。当然、中和生成物ができることになるが、それを受け止めるためのダム

写真 9　草津中和工場、石灰ミルクの注入
出典）2009年1月24日、川原理子氏撮影

として、1965年当時の六合村（現・中之条町）に、品木ダムを建設した。こ
れら吾妻川水質改善方式の確立により、落合林吉は1967年に科学技術功労賞
（科学技術庁）、1969年に建設大臣表彰をうけている（嶋津ほか2011、p25）。

　1986年3月には草津町に香草中和工場が増設され、現在は2工場により吾
妻川の中和事業（図6）を行っている。草津中和工場が完成した1964年1月
というのは、「オリンピック渇水」の真っ只中である。当時東京都では、水
需要が増え続けていた。地区人口や水道普及率の上昇によって給水人口が増
加しただけでなく、1人当たりの水使用量の増加も顕著だった。上水の主要
用途は、洗濯、炊事、トイレ、風呂などの「洗う」用途であるが、これらの
用途は高度経済成長のなかで増大し続けていたのである。1957年に水道専用
ダムとして、小河内ダムが完成していたにもかかわらず、旺盛な水需要には
対応できず、ダムは枯渇寸前になりかけていた（梶原2021、p131）のが当時
の状況である。

　そうしたことを背景に、東京都では1962年10月から長期の給水制限が続い
ていた。図7に示されるように、30％の給水制限が常態化し、1964年8月に

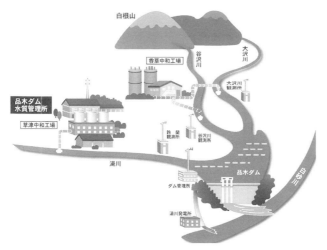

図6　吾妻川中和事業の仕組み

出典）図5に同じ

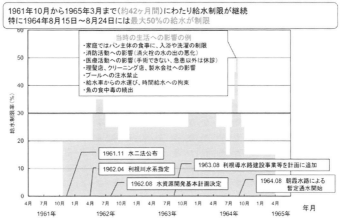

図7　東京都のオリンピック渇水

出典）国土交通省資料[14]より、転載

は最大50％の給水制限に突入していた。

　そうしたなかで、国は利水開発のための制度を整備・発展させていった。地盤沈下による公害も懸念された時代であり、その時水源として念頭に置かれたのはダムである。昭和30年代は、特定多目的ダム法（1957）、水資源開発促進法、同公団法（1961）、そして河川法改正[15]（1964、河川管理の目的に「利水」を追加）と、国（建設省）が主導し、大規模越境開発を可能にしていく仕組みが整えられていった時代である（梶原2014、pp36～46）。

　首都圏を背後に抱える利根川水系は最大のターゲットであり、1962年４月27日、淀川水系とともに水資源開発促進法の指定水系に指定された（1974年12月24日には荒川水系も指定水系となる）。これにより水資源開発計画（いわゆるフルプラン）が策定され、利根川水系の水源開発は本格化していった。八ッ場ダムが利根川・荒川フルプランに位置づけられるのは、1976年４月16日策定の第３次フルプラン時で、その開発水量は16.0m^3/sである。

　ここに、八ッ場ダム計画が「正式に」、利根川水系の水源開発事業に位置づけられるわけである。だがその少し前から、ダム計画は再開し始めていた。1965年３月10日には、国・県から長野原町長・桜井武にダム計画が伝えられていた。計画を聞いた地元は騒然とし、すぐさま対策委員会が発足したという。水没予定地（川原湯、河原畑、林、横壁地区）は、13年前のダム反対方針を改めて確認した。しかしすぐにダム反対派の期成同盟、条件付き賛成派の対策委員会に分裂し、地元が「一枚岩」でダム計画に反対する事態にはならなくなった。それでも1966年２月には町議会が全会一致でダム反対を決議しているし、また1974年から16年、期成同盟を率いた樋田富治郎氏が長野原町長を務めている。

　事態が大きく動き出すのは1980年９月、群馬県が生活再建案を作成した時である。1985年11月には長野原町は群馬県と生活再建の覚書を交わし、翌1986年３月には水没予定地が河川予定地[16]に指定された。そうして同年７月には、特定多目的ダム法４条１項に定めるダム基本計画が策定されるのである。完成は2000年度、事業費2,110億円という基本計画だった。

6．計画改定と住民訴訟

　基本計画が策定されると、ダム建設に向けて一気に動きが進んだ。1987年12月には、長野原町・吾妻町長が、群馬県知事及び関東地方建設局長との間で、「八ッ場ダム建設に係る現地調査に関する協定書」を締結、建設省関東地方建設局（当時）の現地立ち入り調査を認めることになった。1992年には樋田富治郎氏が率いた八ッ場ダム反対期成同盟も八ッ場ダム対策期成同盟に改称し、反対運動の旗を降ろした。さらに2001年6月には、補償基準も妥結した。

　八ッ場ダム計画では水没を免れる高台に新市街地を建設、代替地に住民が移転するという「現地再建ずり上がり方式」（梶原2014、p139）が目指された。30mを超える切り土・盛り土により、高台に代替地を整備していく方式で、殆ど前例のない方式である。この方式の採用によって、条件付き賛成派の人々がダムを受け入れていくことになった。

　周辺整備・関連事業が容易に進んでいかないなかで、ダム計画は2001年9月に第1次改訂（完成年度を10年延期）を、2004年9月に第2次改訂（事業費4,600億円に倍増）を行った。この改訂に対する異議申し立てとして、同年11月、下流1都5県（表4）から住民訴訟が提起された。私が八ッ場ダム問題と出会ったのは、この直後である。

　住民訴訟というのは、米国の納税者訴訟を参考に、戦後地方自治法のなかに設けられた客観訴訟[17]で、同法242条

表4　八ッ場ダム事業（2004年変更）と1都5県の負担

		治水	利水	総計
都県	群馬	101	96	197
	栃木	10	0	10
	茨城	126	91	217
	埼玉	180	394	574
	東京	162	475	637
	千葉	174	226	400
	小計	753	1,282	2,035
国		1,759	806	2,565

【単位】億円
出典）八ッ場ダム住民訴訟・訴状等。

50

表5　戦後の利根川治水計画

計画年度	基本高水流量	計画高水流量	ダム調節流量
1949	17,000	14,000	3,000
1980	22,000	16,000	6,000
2006	22,000	16,500	5,500

【単位】m³/s、治水基準点は八斗島
出典）国土交通省関東地方整備局（2020、pp6〜8）

の2以下にその規定がある。対象となるのは地方自治体の財務会計行為で、住民は違法な財政支出の差し止めなどができる。八ッ場ダム計画の場合、総事業費4,600億円のうち4割強にあたる2,035億円が1都5県の負担金だった（表4、少数点以下を四捨五入）。住民訴訟では、その負担金の是非（支出行為の違法性）が争われた。こうして、受益地とされた下流都県からの異議申し立てが始まったのである。

　利水負担金をめぐっては、提訴当時、どの都県でも水需給の逼迫は解消されており、それ以上の水源開発への投資は「屋上屋を架すもの」と思えた。それゆえ、地方財政法4条1項がいう最小経費原則や地方公営企業法3条（企業性の発揮）、同17条（独立採算制）に反するというのが、原告らの基本的な主張である（八ッ場ダム住民訴訟弁護団ほか2016、pp104〜107）。

　治水負担金[18]をめぐっては、ダム計画の大本となる利根川水系の治水計画の不合理が追及された。具体的には、基本高水流量（目標洪水）の妥当性である。治水計画では基本高水流量と計画高水流量（河道流下流量）が定められ、その差がダム調節流量になるわけである。利根川水系の場合には、表5のような数字が決まっていた。治水上の争点で最も大きな争いとなったのは、この目標値22,000m³/sの適正である。その算定・根拠には大きな疑義があり、そうである以上、これを根拠とする八ッ場ダム計画は治水計画上、正当化されない。それゆえ、治水負担金の支出も違法であるというのが原告らの主張の核である（同、pp35〜45）。

7．司法判断

　1都5県の住民訴訟は、厳密には各都県固有の論点がある。また訴訟の展開のなかで新しい主張が展開され、双方の論議が変わったこともある。だがここでは、そうした「小異」まで配慮した記載は難しい。紙幅の関係上、司法判断の全体的な特徴を記すことにする。

　結論として住民訴訟は、一審地裁判決から最高裁判決まで、6都県全てで住民の主張は退けられた。主要争点たる利水・治水のほか、ダム及びダムサイトの危険性、環境などの争点でも、原告らの主張は退けられた。その最大の特徴は、負担金の支出が違法となる余地を狭く解釈し、そのうえで個々の論点では行政裁量を重視、原告らが主張する「事実の基礎を欠く」という指摘に対し、十分な判断を示さずに退けるというものである。

　住民訴訟では、そのリーディングケースとして1日校長事件判決（最判1992年12月15日、民集46巻9号2753頁）があり、その判例に従って財務会計行為の違法性を厳しく判断する司法判断が相次いだ。高裁判決では、同判決に要件を加重した判断枠組みや、1日校長事件以上に厳格とされる「重大明白な瑕疵」（＝無効事由）を判断枠組みとする場合もあった（梶原2014、pp320～325）。

　利水上の争点では、安定供給量ベースの保有水源の再評価や各都県の水需要予測を裁判所は是認した。需要予測と水使用量の実績が大きく食い違うにもかかわらず、その事実認定に当たって各都県の判断がなぜ、「不合理とはいえない」のか、理由は殆ど示されなかった。

　治水上の争点でも、基本高水流量22,000m³/sを是認する司法判断が下された。同論点をめぐっては、新しい事実が判明した点も多かったが（同、pp205～207）、それは司法判断に影響を与えなかった。費用便益分析やダム効果の減衰という、八斗島下流部（ひいては各都県レベル）の効果の点でも原告の主張は退けられた。この点は、治水上の根拠負担である「著しい利益」（河川法63条1項）の有無に絡むものであり、同条の要件解釈に基づいて、丁寧なあてはめ（要件に対する事実の対応関係）が求められるはずだが、

財務会計行為の違法性を厳しく判断する司法判断の下で、その点が看過され
る判断になってしまった（同、pp323〜333）。

　6都県の上告が退けられたのは、2015年9月8日〜10日である。9月10日
は、茨城県常総市で鬼怒川が決壊した日だった。ダム完成後、ダム左岸に
「なるほど！やんば資料館」（利根川統合管理事務所）が設置されたが、その
掲示資料には住民訴訟に対する言及は1つもない。

8．政権交代とダム事業の中止表明

　八ッ場ダム住民訴訟の継続中、民主党・鳩山由紀夫政権が誕生した。「コ
ンクリートから人へ」をスローガンに掲げて政権交代した民主党は、2009年
9月18日、八ッ場ダムの建設中止を発表した。すると同年10月19日、1都5
県知事は「八ッ場ダム建設事業に関する1都5県知事共同声明」[19]を発表、
国に対し、八ッ場ダム建設事業の中止撤回を強く求めることを宣言した。

　その当時、「すでに7割が完成していたダム工事を、民主党が中止した」
というような誤解が広がったが、誤りである。7割はその当時消化していた
予算額（執行率）であり、基礎掘削などのダム本体工事には何も着手してい
なかった。当時よくテレビ映像に移ったのは、ダム完成後、ダム湖を横切る
湖面橋の橋脚工事（写真10）である。

　ダム建設を巡り、政権と自治体との間で意見が衝突するなか、2009年11
月、今後の治水のあり方に関する有識者会議（座長・中川博次京都大学名誉教
授）が設置された。同会議の役割は、政権が「できるだけダムにたよらない
治水」への転換を進めるなかで、その検討に必要となる幅広い治水対策案の
立案手法、新たな評価軸及び総合的な評価の考え方等を検討することであ
る[20]。

　2010年9月、同会議は「今後の治水対策のあり方について　中間とりまと
め」を答申し、ダム事業の再評価（ダム検証）のスキームが示された（今後
の治水対策のあり方に関する有識者会議2010）。検証は2010年秋から始まり、全
国で89事業（90施設）が、その対象となった[21]。八ッ場ダム検証は同年10月
1日に始まり[22]、2011年11月には、「八ッ場ダム建設事業の検証に係る検討

写真10　八ッ場ダム・湖面橋の橋脚工事
出典）2012年10月1日、川原理子氏撮影

報告書」が示された（国土交通省関東地方整備局2011）。この報告書をうけて翌12月、政府は八ッ場ダム事業の建設再開を決定した。

　その後2013年11月には4回目の基本計画改訂が行われ、完成は2019年度に繰り延べされた。2015年1月からは基礎掘削工事が開始され、以後ダム建設は昼夜24時間体制で行われた（写真11）。

　異例の「現地再建ずり上がり方式」による地域再建を目指した八ッ場ダム計画だったが、水没340世帯のうち代替地に移転したのは約1／4程度である。最盛期には20軒を超えていた温泉旅館は、現・川原湯温泉街では6軒（山木館、やまきぼし、ゆうあい旅館、やまた旅館、旅館丸木屋、民宿・山水）が営業するのみになっている。

　湯かけ祭りは、代替地に再建された王湯（写真12）で行われるようになった。新王湯での湯かけ祭りは2017年が最初だが、2020年から新型コロナウイルスの流行により3年連続で中止になってしまっている。湯かけ祭りの中止も含め、新温泉街もまたコロナ禍に苦しんでいる。

写真11　再開された八ッ場ダム建設工事
出典）2018年11月 2 日、筆者撮影

写真12　代替地に再建された新・王湯
出典）2016年 9 月27日、筆者撮影

9．現地ガイド

　本体工事竣工後、八ッ場ダム工事事務所は閉鎖となり、その管理は利根川ダム統合管理事務所が行うことになった。八ッ場ダムをめぐる展示・資料館としては、ダム堤体・左岸に「なるほど！やんば資料館」（無料）があるが、さほど詳しい展示はない。

　ダム建設に伴う発掘調査では、縄文〜江戸時代の人々の暮らしを伝える遺物が数多く発掘された。江戸時代の遺物が多く出土したことがこの地域の重要な特徴で、1783年の浅間山大噴火がその原因である。噴火に伴う泥流は吾妻川に流れこみ、八ッ場ダム建設地も泥流に飲み込まれた（梶原2023、pp20〜23）。結果、泥流が江戸時代の暮らしを「真空パック」した形になり、それが発掘調査で陽の目を見た形である。遺物は「やんば泥流ミュージアム」（群馬県吾妻郡長野原町林1464-3）で見ることができ、山村での豊かな暮らしを知ることができる貴重な展示となっている。

　また同ミュージアムには、水没予定地にあった長野原第一小学校が移築されている。上映されているビデオ、書籍含め、旧小学校が地域の歴史を伝える資料館の役割も兼ねており、ぜひ訪問いただきたい。

10．おわりに

　以上、八ッ場ダム建設の経緯を振り返ってみた。完成前、八ッ場ダム計画は5度目の計画変更を余儀なくされ、総事業費5,320億円の大規模公共事業となって完成した。この事業費は日本のダム建設史上、最高額である。

　冒頭にも記したが、八ッ場ダムは私の河川・ダム研究の原点である。個人的なことをいえば、妻をはじめ生涯の仲間といえる知人・友人に恵まれるきっかけとなった調査対象である。母の介護で苦しかった時、またそうしたなかで最初の単著梶原（2014）を刊行した時、支えてくれたかけがえのない仲間である。今回の原稿を書くにあたっても、多くの写真をお譲り受けたが、紙幅の関係ですべてを活用できなった。お詫びともに、改めてお礼を申

し上げたい。

　研究者の立場でいえば、八ッ場ダムの建設過程で感じた疑問に対し、その真偽を科学的・客観的に明らかにしていくことが、私の責務だと思う。その意味では、今後も長い付き合いが要求される調査対象である。

　環境問題という視角から八ッ場ダム問題を見た時、現状では自然環境問題というより、地域の喪失・変容という社会環境問題の様相が色濃い。「かつての温泉街」は湖底のなかにあり、その姿は、現在見ることもできない。

　それでも現地には、必ず何らかの発見があるはずである。この小論が１人でも多くの人を現地に赴かせるきっかけとなること、川原湯温泉に浸かりそのファンとなるきっかけとなることを祈り、筆をおく。

注

１）　当初計画では堤高131m だったが、第３回基本計画変更（2008.9.12）で116m に変わった。

２）　https://www.ktr.mlit.go.jp/tonedamu/tonedamu_index004-1.html

３）　https://www.ktr.mlit.go.jp/ktr_content/content/000772277.pdf

４）　川原湯温泉は1193年に、狩りをしていた源頼朝が立ち上る湯気を見つけ温泉を掘り当てたと言われている。

５）　公共事業による損失補償（憲法29条３項）のうち、個人の財産権の侵害に対する補償ではなく、道路、河川施設、学校等の公共施設等に対する損失の補償のこと。1967年２月には、その基準（公共事業の施行に伴う公共補償基準要綱）が閣議決定されている。

６）　http://kawarayu.jp/yukake.html

７）　付け替え道路などの移転も含めると、水没関係住民は422世帯といわれる。

８）　https://yamba-net.org/problem/wazawai/chiikihakai/

９）　1935年洪水のピーク流量は、烏川合流点で10,290m³/s と推定されている（大熊1981、p207）。

10）　治水計画では、河道における洪水処理流量を定め、整備目標とする。これが計画高水流量で、これを水位に変換したものが計画高水位（High Water Level, H.W.L）である。

11）　治水計画では、その対象となる洪水を基本高水という。そしてそのピーク流

量が洪水処理計画の目標になり、基本高水流量という。

12)　正確には、同委員会の下に技術的事項を審議する小委員会が置かれ、同小委員会による調査が行われた。

13)　国土交通省関東地方整備局品木ダム水質管理事務所作成、「中和事業　暮らしや生き物を守る」（作成日、不明）

https://www.ktr.mlit.go.jp/ktr_content/content/000786704.pdf

14)　https://www.mlit.go.jp/tochimizushigen/mizsei/m_evaluation/siryo3_2.pdf

15)　正しくは新河川法の制定、明治河川法の廃止である（梶原2021、p9）。

16)　河川管理者が河川工事を施行するため必要があると認めるときに、当該河川工事の施行により新たに河川区域内の土地となるべき土地を、河川予定地に指定する（河川法56条１項）。

17)　日本の司法制度は、個人の権利・利益の保護を目的とする主観訴訟を原則とする（裁判所法３条１項、「法律上の争訟」）が、例外的に個人の権利・利益の保護を目的としない客観訴訟を認めている。

18)　治水負担金の法的構造については、梶原（2016）を参照のこと。

19)　https://www.pref.gunma.jp/page/11376.html

20)　https://www.mlit.go.jp/river/shinngikai_blog/tisuinoarikata/211120arikata.pdf

21)　https://www.mlit.go.jp/common/000055943.pdf

22)　https://www.ktr.mlit.go.jp/river/shihon/river_shihon00000160.html

参考文献

大熊孝［1981］『利根川治水の変遷と水害』東京大学出版会

梶原健嗣［2014］『戦後河川行政とダム開発～利根川水系における治水・利水の構造転換』ミネルヴァ書房

―――［2016］「一級河川の治水負担と地方自治体――八ッ場ダム建設負担金を素材にして」『水資源・環境研究』Vol.29-2

―――［2021］『近現代日本の河川行政政策・法令の展開：1868～2019』法律文化社

―――［2022］「多目的ダムの費用便益分析――設楽ダム、思川開発、八ッ場ダムの不特定便益を中心に」『愛国学園大学人間文化研究紀要』Vol.24

―――［2023］「近世利根川舟運と利根川水系の変容」『水利科学』Vol.67-3

58

国土交通省関東地方整備局［2011］「八ッ場ダム建設事業の検証に係る検討　報告書」

https://www.ktr.mlit.go.jp/ktr_content/content/000050255.pdf

―――［2020］「利根川水系　利根川・江戸川河川整備計画【大臣管理区間】」（令和 2 年 3 月変更）

https://www.ktr.mlit.go.jp/ktr_content/content/000772652.pdf

今後の治水対策のあり方に関する有識者会議［2010］「今後の治水対策のあり方について　中間とりまとめ」

https://www.mlit.go.jp/river/shinngikai_blog/tisuinoarikata/220927arikata.pdf

嶋津暉之、清澤洋子［2011］『八ッ場ダム　過去、現在、そして未来』岩波書店

中央防災会議・災害教訓の継承に関する専門調査会報告書［2010］『1947カスリーン台風　報告書』

https://www.bousai.go.jp/kyoiku/kyokun/kyoukunnokeishou/rep/1947_kathleen_typhoon/index.html

利根川百年史編集委員会、（財）国土開発技術研究センター編［1987］『利根川百年史』関東地方整備局

冨田武宏［2016］「八ッ場ダム建設工事の現状と課題――首都圏の治水対策と補償事業の在り方について」『立法と調査』No.383

内務省関東土木出張所［1947］「昭和二十二年九月洪水報告」

https://www.city-net.or.jp/typhoon-suigai/pages/kathleen_s22kouzuihokoku_naimusyou/kathleen_s22kouzuihokoku_naimusyou_001.html

廣川孝一［2012］「国土交通行政の課題――八ッ場ダム検証を巡って」『立法と調査』No.324

萩原好夫［1996］『八ッ場ダムの闘い』岩波書店

八ッ場ダム住民訴訟弁護団、八ッ場ダムをストップさせる市民連絡会［2016］『裁判報告　八ッ場ダム　思川開発　湯西川ダム―― 6 都県住民11年のたたかい』（自費出版）

【八ッ場ダム問題、略年表】

年	月	できごと
1947	9	カスリーン台風が襲来。利根川右岸で決壊、関東地方だけで死者1,100名を出す。
	11	内務省が、治水調査会を設置。
1949	2	建設省、利根川改修改訂計画を策定（基本高水流量は17,000m³/s）。
1952	5	建設省が長野原町長に、ダム調査を通知。
1961	4	吾妻川総合開発事業（水質改善）に着手。
1963	11	草津中和工場が完成。
1964	1	草津中和工場、運用開始。
1965	3	国・群馬県が、相次いで住民にダム計画を発表。
	12	住民多数派が、八ッ場ダム反対期成同盟を結成。
1966	2	長野原町議会が、全会一致でダム反対決議を採択。
1967	4	長野原町議会総選挙、桜井町長派が軒並み落選し、議会はダム反対派が多数派になる。
	11	建設省、実施計画調査を再開。
1974	9	長野原町長に、八ッ場ダム反対期成同盟の樋田富治郎氏が当選（4期16年、1974〜1990）、この時地元紙は「八ッ場ダム建設断念か」と大見出しで報じる。
	11	ダムサイトを上流側に600m移動。
1976	4	第3次利根川・荒川フルプランを策定。八ッ場ダムが首都圏水源開発施設に公式に位置づけられる。
1979	1	群馬県・清水知事が、八ッ場ダム反対期成同盟との間で「期成同盟が納得するまで八ッ場ダムは推進しない」との念書を交わす。
1980	12	建設省、利根川水系工事実施基本計画を策定。基本高水流量を17,000m³/sから、22,000m³/sに改定 →ダム調節流量は3,000m³/sから6,000m³/sに増量。
1985	11	群馬県知事と長野原町長の間で、「八ッ場ダムに係る生活再建（案）に関する覚書」が締結される。
	12	1978年7月1日付建設事務次官通達に基づく環境影響評価を完了。
1986	3	水没予定地を河川予定地に指定。また、八ッ場ダムを水特法2条の指定ダムに指定。
	7	基本計画（特ダム法4条1項）を告示。 （完成予定2000年度、総事業費2,110億円）
1987	12	長野原町・吾妻町長が、「八ッ場ダム建設に係る現地調査に関する協定書」に調印、関東地方建設局の現地立ち入り調査を認める。
1992	5	八ッ場ダム反対期成同盟が、八ッ場ダム対策期成同盟に改称、反対運動の旗を降ろす。
	7	群馬県と建設省が、八ッ場ダム建設事業に関する基本協定書を締結。

1995	11	水特法に基づく水源地域整備計画を閣議決定。
1999	6	長野原町で、八ッ場ダム水没関係五地区連合補償交渉委員会が設立される。
2001	6	国土交通省、同委員会との間で補償基準を妥結。
	9	事業計画変更。完成年度が2010年に延期される。【変更①】
2004	9	ダム事業費を4,600億円に増額。【変更②】
	11	1都5県で住民訴訟が提訴。
2005	8	民主党、マニフェストに八ッ場ダム中止を盛り込む。
	9	国土交通省、水没5地区代替地分譲基準連合交渉委員会との間で代替地分譲基準に調印。
2006	2	国土交通省、利根川水系河川整備基本方針を策定。
	11	河川整備計画の策定作業が始まる。
2007	6	代替地の分譲手続きを開始。
2008	9	事業計画変更。完成年度を2015年度に延長、またダムの目的に発電を追加（ただし、従属発電）。ダム堤体高も、131mから116mに変更される【変更③】
2009	5	八ッ場ダム住民訴訟（一審東京地裁判決）、住民敗訴。その他5県でも住民敗訴。6訴訟、全て控訴審に。
	9	政権交代、前原誠司・国交相が八ッ場ダム建設の中止を発表。
	10	1都5県知事が、「八ッ場ダム建設事業に関する1都5県知事共同声明」を発表。
	11	今後の治水のあり方に関する有識者会議が設置され、ダム検証が始まる。
2011	11	今後の治水のあり方に関する有識者会議が策定した『中間取りまとめ』に則った、八ッ場ダム建設事業の検証に係る検討報告書が示される。
	12	民主党、ダム建設再開を決定。
2012	12	衆議院選挙で自民党が政権に返り咲く。
2013	3	八ッ場ダム東京訴訟・控訴審判決、住民敗訴の判決。住民ら、最高裁に上告。
	5	国土交通省、利根川・江戸川河川整備計画を策定。八ッ場ダム事業が同計画に位置づけられる。
	11	4度目の基本計画改定、工期は2019年度に延長。【変更④】
2015	1	ダム工事、基礎掘削を開始。
2016	12	5度目の基本計画改定、事業費を5,320億円に増額【変更⑤】
2019	10	試験湛水開始、間もなく台風19号襲来。
2020	4	八ッ場ダム、運用開始。
2022	5	2年遅れで、ダム完成式典を開催。

廣川（2012）、梶原（2014）、富田（2016）などをもとに作成

【執筆者紹介】

伊藤 達也（いとう たつや）

出　身：愛知県

生　年：1961年

学　歴：1990年　名古屋大学大学院文学研究科博士課程単位取得満期退学
　　　　2007年　名古屋大学大学院環境学研究科にて博士号取得（博士（環境学））

勤務先：法政大学文学部地理学科

業　績：単著『水資源開発の論理——その批判的検討——』（成文堂、2005年）
　　　　単著『木曽川水系の水資源問題——流域の統合管理を目指して——』（成文堂、2006年）
　　　　単著『水資源問題の地理学』（原書房、2023年）
　　　　土屋正春・伊藤達也編『水資源・環境研究の現在——板橋郁夫先生傘寿記念——』（成文堂、2006年）
　　　　伊藤達也・小田宏信・加藤幸治編『経済地理学への招待』（ミネルヴァ書房、2020年）

梶原 健嗣（かじわら けんじ）

出　身：千葉県

生　年：1976年

学　歴：2007年　東京大学大学院新領域創成科学研究科博士課程修了。博士（学術）取得。

勤務先：愛国学園大学人間文化学部

業　績：単著『戦後河川行政とダム開発——利根川水系における治水・利水の構造転換——』（ミネルヴァ書房、2014）
　　　　単著『近現代日本の河川行政——政策・法令の展開：1868〜2019——』（法律文化社、2021）
　　　　単著『都市化と水害の戦後史』（成文堂、2023）
　　　　関良基、まさのあつこ、梶原健嗣『社会的共通資本としての水』（花伝社、2015）

水資源・環境学会『環境問題の現場を歩く』シリーズ ❷

長良川河口堰と八ッ場ダムを歩く

2023年8月20日　初　版第1刷発行

著　者	伊	藤	達	也
	梶	原	健	嗣
発行者	阿	部	成	一

162-0041　東京都新宿区早稲田鶴巻町514番地

発行所　　株式会社　**成 文 堂**

電話 03(3203)9201(代)　Fax 03(3203)9206
http://www.seibundoh.co.jp

製版・印刷・製本　藤原印刷　　　　　　検印省略

☆乱丁・落丁本はおとりかえいたします☆

© 2023 伊藤達也・梶原健嗣

ISBN978-4-7923-3431-4　C3031

定価（本体1000円＋税）

刊行にあたって

　水資源・環境学会は学会創立40周年を記念して、ブックレット『環境問題の現場を歩く』シリーズの刊行を開始することにしました。学会創設以来、一貫して水問題、環境問題を中心とした研究に取り組んでまいりました。水資源・環境学会の使命は「深化を続ける水と環境の問題を学際的な視点から考察し、研究者はもちろん、実務家、市民のみなさんなど幅広い担い手の参加を得て、その解決策を探る」と謳っています。

　水と環境の問題を発見するためには、問題が起こっている現場で何が問われているかを真摯な態度で聞くことが出発です。「現場」のとらえ方は、そこに住む人、訪れる人によって様々です。「百人百様」という言葉がありますが、本シリーズは、それぞれの著者の視点で書かれたものであり、皆さんは、きっと異なった思いや、斬新な問題提起があると思います。

　本シリーズをきっかけに「学際的な研究交流の場」の原点である現地を歩くことにより、瑞々しい研究意欲を奮い立たせていただければと願います。

水資源・環境学会